不可思议的发明

防毒面具

[加] 莫妮卡·库林 / 著　　[英] 大卫·帕金斯 / 绘　　简严 / 译

人民东方出版传媒
People's Oriental Publishing & Media

东方出版社
The Oriental Press

图书在版编目（CIP）数据

不可思议的发明.防毒面具/（加）莫妮卡·库林著；（英）大卫·帕金斯绘；简严译.
— 北京：东方出版社，2024.8
书名原文：Great Ideas
ISBN 978-7-5207-3664-0

Ⅰ.①不… Ⅱ.①莫… ②大… ③简… Ⅲ.①创造发明—儿童读物 Ⅳ.① N19-49

中国国家版本馆 CIP 数据核字 (2023) 第 213177 号

This translation published by arrangement with Tundra Books,
a division of Penguin Random House Canada Limited.

中文简体字版专有权属东方出版社
著作权合同登记号　图字：01-2023-4891

不可思议的发明：防毒面具
（BUKESIYI DE FAMING：FANGDU MIANJU）

作　　者：［加］莫妮卡·库林　著
　　　　　［英］大卫·帕金斯　绘
译　　者：简　严
责任编辑：赵　琳
封面设计：智　勇
内文排版：尚春苓
出　　版：东方出版社
发　　行：人民东方出版传媒有限公司
地　　址：北京市东城区朝阳门内大街 166 号
邮　　编：100010
印　　刷：大厂回族自治县德诚印务有限公司
版　　次：2024 年 8 月第 1 版
印　　次：2024 年 8 月第 1 次印刷
开　　本：889 毫米 ×1194 毫米　1/16
印　　张：2
字　　数：23 千字
书　　号：ISBN 978-7-5207-3664-0
定　　价：158.00 元（全 9 册）
发行电话：（010）85924663　85924644　85924641

黑黑的地下

试着想想
待在漆黑阴冷的地下
会是什么模样

想想那些
成天生活在黑暗中
却不惧怕黑暗的虫子
还有挖洞的鼹鼠

想想那些救援人员
沿着绳索往下
爬到随时可能坍塌的
地下通道

太阳炙烤着美国肯塔基州的田野，不少家庭仍在炎炎烈日下劳作。到了收获的季节，他们却要和地主共享庄稼的收成，自己的生活因此一贫如洗。

加勒特·奥古斯都·摩根的父母曾经是奴隶，虽然现在自由了，但是全家仍像以前一样在田间辛苦地劳作，生活艰难。

一天，加勒特放下锄头，望着自己破败不堪的农场，暗暗想着：这不是我想要的生活，我要过得更好。

1877年，加勒特·奥古斯都·摩根出生在肯塔基州帕里斯。他在家里11个孩子中排行第7，孩子们个个都是从拿得动锄头开始就去地里干活儿。

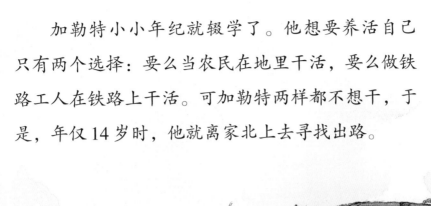

加勒特小小年纪就辍学了。他想要养活自己
只有两个选择：要么当农民在地里干活，要么做铁
路工人在铁路上干活。可加勒特两样都不想干，于
是，年仅14岁时，他就离家北上去寻找出路。

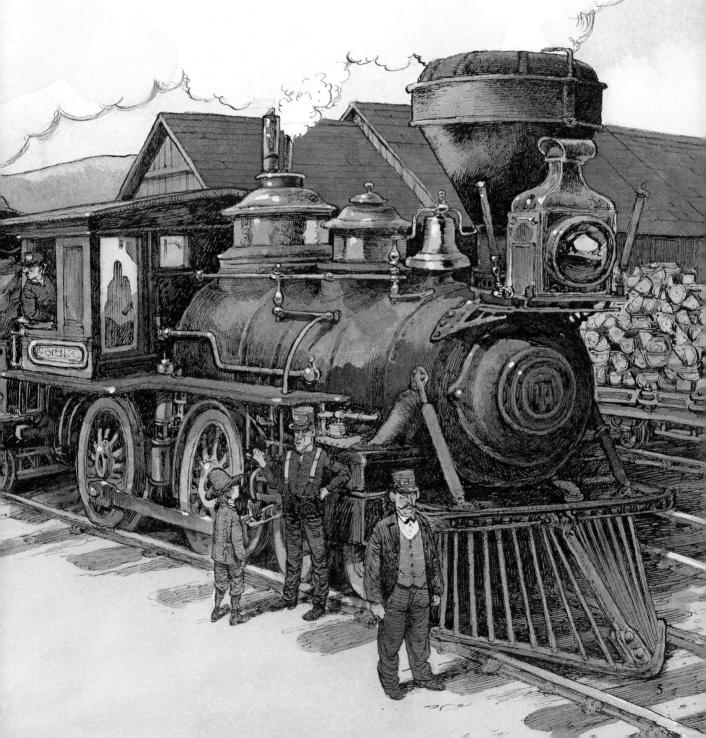

1895 年，加勒特在俄亥俄州的克利夫兰安顿了下来。他在制衣厂扫地时，发现缝纫机的皮带经常断裂。于是他决定做根更强韧的皮带。

爱动脑筋的加勒特做到了！老板非常高兴，给了他一份新工作——缝纫机修理工。加勒特的人生从此开始步入正轨！

到 1908 年，加勒特已经有了属于自己的缝纫机店。没过多久，他和妻子玛丽·安妮又开了家裁缝店。

8

一天，加勒特在自家的工作间里配制油膏，以防止缝纫机的机针在衣物上留下轧过的印记。他完全没料到这让他误打误撞做出了自己的第一项发明。

一天的工作结束了，加勒特拿块毛织物擦掉了满手的油膏。第二天早晨，他发现毛织物毛茸茸的线变得又直又顺，太神奇了！

"我有个主意。"加勒特对妻子说，他眼睛里闪着狡黠的光。

"别弄到我头发上，不可以。"玛丽连忙摆手。

加勒特决定在邻居家的狗身上试试自己的发明。那是一条万能梗犬，全身都是浓密的细卷毛。油膏奏效了！邻居居然都认不出自家的狗了！

　　睡觉前，加勒特给自己的头发涂满油膏。第二天一早，他的头发也变得直溜溜、顺滑滑的。

1910年，加勒特给他的发明申请了专利，并给油膏取名为"直发剂"，同时成立了G.A.摩根美发公司。

　　加勒特还生产了其他美发产品，比如"黑又亮"染发剂，生发剂，还有直发梳。

　　加勒特的美发产品非常畅销。他利用赚的钱，把更多的时间用在了自己真正的爱好——发明上。

1911 年的一天，美国报纸的头版刊登了一则令人震惊的消息。纽约市的三角内衣厂着火了，146 名工人死于火灾，大多数死者都是花季少女。

　　吃早餐时，加勒特大声念着报纸内容："妇女和女孩，被困在 10 层楼高的建筑里，有的葬身火海，有的在跳楼逃生时摔死。"

因为城市里很多建筑都是木制的，所以火灾频繁发生。1871年的芝加哥大火让数百人丧生，毁掉的家庭和工厂不计其数，人们后来花了两年时间才让这座城市得以重建。

　　消防员进入着火的建筑时很容易被烟呛到，这时再去营救被困的人员就更加困难了。

　　加勒特决定发明防毒面具，给消防员增加营救他人的时间和机会。

有一次，加勒特在马戏团看到大象把长鼻子伸出帐篷来呼吸新鲜空气，这一幕带给了加勒特灵感。在大火中，烟雾、灰尘和毒气是上升的，靠近地面的空气是可以呼吸的。

加勒特的安全面罩是防毒面具的雏形，包括一根可拖到地面的长管子，就像大象的长鼻子一样用来吸气，还有一根短管子用来呼气。面罩用防火的帆布制成，面罩里的湿海绵可以有效地过滤烟雾并冷却热空气。

加勒特把这个发明叫作"摩根的安全面罩"和"防烟罩"。

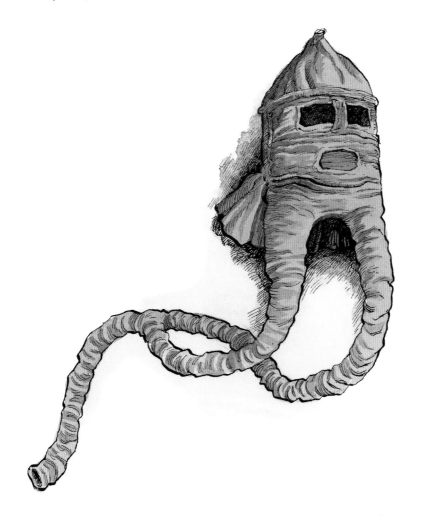

加勒特通过实验证实了安全面罩确实具备他设想的功能。他在帐篷里点燃化学品，密封的空间里立刻弥漫了浓浓的烟雾。

佩戴面罩的加勒特走进浓烟滚滚的帐篷。在那儿，他待了足足20分钟，但他没有咳嗽，更没有晕倒。就像马戏团帐篷里探出鼻子呼吸的大象，加勒特在帐篷里也可以自由呼吸。安全面罩确实名副其实。

1914年，加勒特为他的发明申请了专利。

然而，安全面罩的销售情况却不尽如人意。加勒特卖了两套给消防部门，但是后来当人们发现安全面罩的发明者是个黑人时，他们就没兴趣购买了。

　　在美国南部，加勒特雇了个白人来充当"摩根先生"，而他自己扮演成助手，以方便卖出产品。

　　终于有一天，一场灾难让加勒特的发明登上了报纸的头版。

1916 年 7 月的一个夜晚，整个克利夫兰都在沉睡，突然"砰"的一声巨响，震醒了整座城市。是炸弹？还是地震？都不是，但毫无疑问是场灾难。

　　为了把淡水引到克利夫兰，工人们一直在伊利湖底挖引水通道。他们的设备击中了一个小气藏（指聚集天然气的地方）。爆炸毁坏了地下通道，30 多个工人被困在地底下。

通道里很快布满烟雾、灰尘和毒气。救援人员在地下还没来得及弄清该往哪里走，就已经被呛得受不了了。被困工人获救的机会看起来非常渺茫。

　　突然，有人想起曾经看过加勒特·摩根演示他的发明，于是高喊道："我们得用摩根的安全面罩！"

　　救援人员飞速赶到加勒特的家，叫醒了他。加勒特带上他的弟弟弗兰克和4套安全面罩赶紧奔向事故现场。

加勒特、弗兰克和两名救援者钻进了地下通道。面罩有用吗？现在去救人是不是太晚了？

　　在大家的担忧中，加勒特终于出现了，他拖着一名工人出来了，工人还活着！弗兰克拖着另一名工人也出来了。安全面罩起作用了！一个接一个的，救援人员营救出了更多被困的工人。

　　没过多久，全国的警察局和消防局开始争先恐后地订购摩根的安全面罩。由于加勒特的英雄壮举，克利夫兰市奖励了他一枚金质奖章。

　　加勒特的发明经过进一步完善，曾在第一次世界大战的战壕里保护了数千名士兵，使他们免受氯气的毒害。

安全第一

早期人们驾驶汽车时，路上没有信号灯。司机见空隙就钻，常常在行人、自行车、马车之间穿行，交叉路口尤其危险。

在克利夫兰的非洲裔美国人中，第一个拥有汽车的是加勒特。一天，加勒特在驾驶时目睹了一起可怕的交通事故——一辆汽车和一辆马车相撞了。这起事故始终萦绕在他的脑海里，他觉得需要做点什么来改善交通安全，后来他发明了交通信号装置。

加勒特的交通信号装置是一个"T"形的柱子，上面有3个指令：停止、行驶和全部停止。"全部停止"的指令亮时，所有方向都禁止车辆通行，这样行人就可以安全地通过马路了。

加勒特·摩根是申请并获得交通信号灯专利最早的发明家之一。这又是一项用于救人的专利设备。